U0325737

优秀技术工人
百工百法丛书

魏钧
工作法

焊接十步
操作法

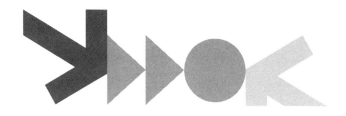

中华全国总工会 组织编写

魏钧 著

中国工人出版社

技术工人队伍是支撑中国制造、中国创造的重要力量。我国工人阶级和广大劳动群众要大力弘扬劳模精神、劳动精神、工匠精神，适应当今世界科技革命和产业变革的需要，勤学苦练、深入钻研，勇于创新、敢为人先，不断提高技术技能水平，为推动高质量发展、实施制造强国战略、全面建设社会主义现代化国家贡献智慧和力量。

——习近平致首届大国工匠
创新交流大会的贺信

优秀技术工人百工百法丛书

编委会

编委会主任：徐留平

编委会副主任：马　璐　潘　健

编委会成员：王晓峰　程先东　王　铎

　　　　　　张　亮　高　洁　李庆忠

　　　　　　蔡毅德　陈杰平　秦少相

　　　　　　刘小昶　李忠运　董　宽

优秀技术工人百工百法丛书

海员建设卷

编委会

编委会主任： 李庆忠

编委会副主任： 吴　疆　马正秋　吕　伟　朱嫣红

编委会成员： 王　萌　王　锦　王建兰　严　峰
（按姓氏笔画排序）

李姗珊　杨　阳　杨　哲　吴　松

张　杰　张　卓　张　政　陈建钦

陈艳慧　周陈锋　周泽光　周科宏

胡学坤

序

党的二十大擘画了全面建设社会主义现代化国家、全面推进中华民族伟大复兴的宏伟蓝图。要把宏伟蓝图变成美好现实，根本上要靠包括工人阶级在内的全体人民的劳动、创造、奉献，高质量发展更离不开一支高素质的技术工人队伍。

党中央高度重视弘扬工匠精神和培养大国工匠。习近平总书记专门致信祝贺首届大国工匠创新交流大会，特别强调"技术工人队伍是支撑中国制造、中国创造的重要力量"，要求工人阶级和广大劳动群众要"适应当今世界科技革命和产业变革的需要，勤学苦练、深入钻研，勇于创新、敢为人先，不断提高技术技能水平"。这些亲切关怀和殷殷厚望，激励鼓舞着亿万职工群众弘扬劳模精神、劳动精神、工匠精神，奋进新征程、建功新时代。

近年来，全国各级工会认真学习贯彻习近平总书记关于工人阶级和工会工作的重要论述，特别是关于产业工人队伍建设改革的重要指示和致首届大国工匠创新交流大会贺信的精神，进一步加大工匠技能人才的培养选树力度，叫响做实大国工匠品牌，不断提高广大职工的技术技能水平。以大国工匠为代表的一大批杰出技术工人，聚焦重大战略、重大工程、重大项目、重点产业，通过生产实践和技术创新活动，总结出先进的技能技法，产生了巨大的经济效益和社会效益。

深化群众性技术创新活动，开展先进操作法总结、命名和推广，是《新时期产业工人队伍建设改革方案》的主要举措。为落实全国总工会党组书记处的指示和要求，中国工人出版社和各全国产业工会、地方工会合作，精心推出"优秀技术工人百工百法丛书",在全国范围内总结100种以工匠命名的解决生产一线现场问题的先进工作法,同时运用现代信息技术手段,同步生产视频课程、线上题库、工匠专区、元宇宙工匠创新工作室等数字知识产品。这是尊重技术工人首创精神的重要体现,是工会提高职工技能素质和创新能力的有力做法,必将带动各级工会先进操作法总结、命名和推广工作形成热潮。

此次入选"优秀技术工人百工百法丛书"作者群体的工匠人才,都是全国各行各业的杰出技术工人代表。他们总结自己的技能、技法和创新方法,著书立说、宣传推广,能让更多人看到技术工人创造的经济社会价值,带动更多产业工人积极提高自身技术技能水平,更好地助力高质量发展。中小微企业对工匠人才的孵化培育能力要弱于大型企业,对技术技能的渴求更为迫切。优秀技术工人工作法的出版,以及相关数字衍生知识服务产品的推广,将对中小微企业的技术进步与快速发展起到推动作用。

　　当前，产业转型正日趋加快，广大职工对于技术技能水平提升的需求日益迫切。为职工群众创造更多学习最新技术技能的机会和条件，传播普及高效解决生产一线现场问题的工法、技法和创新方法，充分发挥工匠人才的"传帮带"作用，工会组织责无旁贷。希望各地工会能够总结命名推广更多大国工匠和优秀技术工人的先进工作法，培养更多适应经济结构优化和产业转型升级需求的高技能人才，为加快建设一支知识型、技术型、创新型劳动者大军发挥重要作用。

中华全国总工会兼职副主席、大国工匠

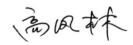

作者简介
About The
Author

魏钧

1979年出生，上海振华重工（集团）股份有限公司长兴分公司电焊工，特级技师，中国交建高级内训师。

曾获得"全国技术能手"、中央企业"百名杰出工匠"、上海市劳动模范、上海工匠、上海市五一劳动奖章、上海市首席技师等荣誉称号，享受国务院政府特殊津贴。

自 2007 年以来一直从事电焊工作。先后取得了焊工特级技师技能等级，焊接与热切割教师资格证书。获得了中国 CCS6GR、英国的 6GR、技监局 6G、美国 ASME 焊工资质证书、美国 AWS、欧标 EN287-1 等多项国际专业电焊证书。近年来带队完成了多项国内外重大项目的焊接工作，包括美国旧金山一奥克兰海湾大桥、比利时闸门、上海洋山港四期、12000 吨起重船、三峡如东海上风电换流站等。2017 年带队完成港珠澳大桥岛隧工程最终接头焊接，被中交集团港珠澳大桥岛隧工程总项目部授予"个人特等功"。

在焊接过程中我不放过
每一个细节，把所想到的
细节问题全部处理好！

魏钧

目　录
Contents

引　言　　　　　　　　　　　　　　　　　　　　01

第一讲　焊接十步操作法概述　　　　　　　　　03
　一、焊接操作人员　　　　　　　　　　　　　05
　二、焊接机器设备　　　　　　　　　　　　　06
　三、焊接材料　　　　　　　　　　　　　　　06
　四、焊接工艺方法　　　　　　　　　　　　　07
　五、焊接施工环境　　　　　　　　　　　　　08

第二讲　焊接十步操作法流程　　　　　　　　　11
　一、第一步：焊接安全核检　　　　　　　　　12
　二、第二步：焊接工艺核检　　　　　　　　　15
　三、第三步：焊接材料核检　　　　　　　　　19
　四、第四步：焊接设备核检　　　　　　　　　22
　五、第五步：装配定位　　　　　　　　　　　25
　六、第六步：焊前预热　　　　　　　　　　　28
　七、第七步：焊接过程控制　　　　　　　　　30

八、第八步：焊缝碳刨清根，焊接变形控制　　41

九、第九步：焊缝外观检验，规范焊接后热　　44

十、第十步：焊缝缺陷返修　　46

第三讲　焊接十步操作法应用案例　　51
一、焊接单项培训　　55
二、焊接综合优化培训　　56
三、焊接实战培训　　57

后　记　　60

引　　言
Introduction

　　在大型钢结构及桥梁建造过程中，焊接是至关重要的一道工序，焊接质量直接影响产品的安全性和使用寿命，也对企业的生产效益产生影响。

　　在焊接施工的过程中，焊接操作流程的管控关系到构件焊缝质量，关系到施工的节点进度，关系到整个工程的成本控制，因此，管控好焊接施工操作流程是保证焊接工作高质高量的先决条件。在以往的焊接施工中，经常出现因电焊工对焊接工艺要求执行不到位、焊接操作流程不正确，从而导致焊缝质量不合格，需要进行二次返修现象发生，影响施工进度，增加施工成本。所以在焊接施工中焊接操作流程的管控非常重要。

　　本书内容是魏钧劳模创新工作室根据现场焊接施工实践总结提炼而成的，可对焊接施工全流程加以规范指导，提高电焊工规范作业意识，规范焊接施工操作步骤，以实现安全生产、提高焊接质量、降低产品制造成本的目的。

第一讲

焊接十步操作法概述

焊接操作流程管控是一项系统性的工程，涉及焊接施工流程当中的每一个生产环节、每一个生产参与者，特别是焊接操作人员在操作过程中的规范与否，直接关系到焊接质量和施工安全。作为一名电焊工，需要严格遵循操作规程，以确保施工安全和质量合格。焊接过程中，操作人员需要严格执行焊接工艺技术规范，以获得理想的焊缝质量。对于不同材料和焊接类型，需要根据规范要求选择适当的焊接方法和参数，以确保焊接质量达到要求。及时检查和修复焊缝缺陷、严格按照工艺要求预热后热等环节都是保证焊接质量的关键点。

焊接操作流程管控还需要注意其他细节。例如，焊接操作人员要对焊接设备进行定期维护和检修，保持其正常运行和性能稳定，根据焊接工艺要求选择合适的焊接设备和辅助工具，对复杂结构的焊接项目，应制定详细的作业方案，确保焊接质量。

魏钧劳模工匠创新团队在大型钢结构及桥梁建

造过程中，积累了丰富的工作经验，解决了众多焊接问题，根据厚板焊接的焊接技术要求、焊接特点，经过实践、研究、分析、总结，最终形成可应用于中厚板的"焊接十步操作法"。在焊接施工过程中，影响工程焊接质量的因素有很多，总的来说可以归纳为以下五方面。

一、焊接操作人员

这一因素对焊接工作来说主要就是焊工，也包括焊接设备的操作人员。焊工操作技能的水平和工作态度对焊接质量至关重要。焊工质量意识差、操作粗心大意，不遵守焊接工艺规程、操作技能差等都可能影响焊接质量。要保证焊接质量，首先要对焊接操作人员定期进行岗位技能培训，从理论上认识执行工艺规程的重要性，从实践上提高操作技能，执行焊工考试制度，坚持持证上岗。其次要提高焊接操作人员的质量意识和保持一丝不苟的工作作风，加强焊接工序的自检与专职检查。

二、焊接机器设备

机器设备对焊接工作来说就是指各种焊接设备。焊接设备性能的稳定性与可靠性对焊接质量会产生很大影响，特别是结构复杂、机械化、自动化程度高的设备，由于对它的依赖性很高，因此要求它要有更好、更稳定的性能。在焊接施工过程中，要建立包括焊接设备在内的各种在用设备的定期检查制度。首先要建立设备使用人员责任制，做到定期维护保养，定期校验焊接设备上的电流表、电压表、气体流量计等计量仪表。其次要建立设备使用台账，规范记录设备使用及保养检修状况。

三、焊接材料

焊接使用的材料包括各种被焊材料，也包括各种焊接材料，还有焊接过程中所使用的各类辅助材料。焊接生产中使用的这些材料的质量是保证焊接产品质量的基础和前提。从全面质量管理的观点出发，为了保证焊接质量，从生产过程的起始阶段，即进料之前就要把好材料关。首先要建立严格的材料管理制度，加强原材料的进厂验收和检验。其次要规范材料的保管和领用，做好保管领用台账记录，以实现材料的可追溯性。最后焊接操作人员在焊接过程中要严格执行焊接工艺技术要求，规范使用各类焊接材料。

四、焊接工艺方法

焊接工艺方法在影响焊接质量的各因素中占有更为重要的地位，其影响主要来自两个方面：一方面是工艺制定的合理性；另一方面是执行工艺的严肃性。在焊接施工前，要按照产品设计要求，制定出符合产品生产的焊接工艺，首先要进行焊接工艺评定，其次要根据评定合格的焊接工艺评定报告和图样技术要求制定焊接工艺规程、编制焊接工艺说明书或焊接工艺卡。这些以书面形式表达的各种工艺参数是指导焊接施工操作的依据，它是根据模拟生产条件所做的试验和长期积累的经验以及产品的具体技术要求编制的，是保证焊接质量的基础。在焊接施工过程中，焊接操作人员必须保证严格贯彻执行焊接工艺规范的技术要求。在没有充分根据的情况下不得随意变更工艺参数，即使确需改变，也必须履行一定的程序和手续。不正确的焊接工艺不能保证焊接质量，即便是经过评定验证是正确合理的工艺规范，在焊接施工过程中焊接操作人员如果不严格执行工艺规范，同样也不能得到合格的焊接质量。首先要按有关规定进行焊接工艺评定，按要求制作焊接产品试板以检验工艺方法的正确性与合理性，选择有经验的焊接技术人员编制所需的工艺文件。其次要加强施焊过程中的管理与检查，督促焊接操作人员严格贯彻执行焊接工艺规范的技术要求。

五、焊接施工环境

焊接施工过程中，施工环境对焊接质量的影响也很大。因为焊接操作常常在室外露天进行，必然受到外界自然条件，如温度、湿度、风力及雨雪天气的影响，在其他因素一定的情况下，有可能单纯因环境因素就会造成焊接质量问题。环境因素的控制措施比较简单，当环境条件不符合规定要求时，如风力较大或雨雪天气，可暂时停止焊接工作或采取有效防护措施后再进行焊接，如在过低的气温中可对工件适当预热等。

焊接施工过程中影响焊接质量的因素可以概括为以上五个方面，这是从大的方面说，而每一个大因素又可分为若干个小因素，每一个小因素还可以分解成更小的因素。魏钧劳模创新工作室焊接十步操作法从人、机、料、法、环五大方面，分别对焊接操作流程中的安全操作、焊接工艺执行、焊接材料、焊接设备、焊前装配定位操作、焊前预热、焊接、焊接变形控制、焊后检验后热、焊接缺陷返修十个环节进行了详细的归纳总结，用于指导现场作业。焊接十步操作法编制完成后，经过了多个国内外重大项目的实践应用验证。在焊接施工时只要严格按照此方法操作，焊接作业人员的人身安全、焊缝质量、最终产品质量就能够得到保证。

焊接十步操作法在港珠澳大桥岛隧工程最终接头、美国摩天轮、比利时闸门、苏格兰钢桥、浮式起重机和常规岸桥的焊接生产中得到成功应用，能够有效提高焊接质量，提高焊缝一次报验合格率，减少焊接返工，经济效益显著。

图 1　焊接十步操作法成功应用案例——港珠澳大桥、
　　　风电、美国摩天轮

第二讲

焊接十步操作法流程

一、第一步：焊接安全核检

焊接施工过程中的危险因素会导致人身伤害和安全事故发生。为了保护作业人员的身心健康，完善安全措施、提高作业人员的安全意识是非常必要的。只有确保焊接施工场所的安全性，才能在高效完成任务的同时实现安全生产。

在焊接工作开展前，焊接作业人员必须完成以下安全核检工作。

（1）安全管理人员首先要核查每个电焊工是否持有相关部门颁发的焊接操作资格证（见图2、图3），杜绝无证上岗；在焊接工作前对焊接作业人员进行明确的安全技术交底（见表1），确认每个作业人员对工作现场的各种危险因素充分了解，并且有完善的应对措施，相关人员在工作令上签字确认后方可进入施工现场作业。

表 1　焊接作业安全技术交底

作业场地：	现场安全监管员：	施工日期：
焊工姓名：	作业项目名称：	作业时间：

续　表

作业内容：	
安全作业要求： 1. 规范穿戴劳防用品； 2. 特殊工种持证情况及有效期符合公司要求； 3. 作业前检查电气设备安全运行； 4. 按照规范要求正确使用除尘设备； 5. 搬运试板时注意安全； 6. 夏季作业期间关注天气温度，结合公司防暑要求进行作业安排； 7. 规范用气、用电； 8. 按照操作规程要求规范使用各类焊接设备； 9. 发现设备、用电、用气等任何安全作业隐患均有权拒绝作业，并有义务提醒现场监护人员立刻进行维修整改； 10. 其他作业过程的注意事项严格按照要求进行。	
焊工人员签名： （明确作业内容及安全注意事项后签字）	安全技术交底人员签名：　　　　联系电话：

（2）进入焊接施工现场前焊接作业人员必须穿戴好劳防用品。佩戴安全帽、电焊面罩、防尘口罩、耳塞，穿戴好绝缘防砸劳保鞋、焊工工作服、焊工手套，高处作业佩戴好安全带。

（3）进入焊接施工现场焊接作业人员要确认周围环境是否安全。如附近有易燃易爆物品要做好清理、隔离等防火防爆措施。有限空间作业、密闭空

图 2　焊接与热切割操作资格证图样

图 3　电焊工资格证图样

间作业时是否有通风措施、照明是否符合要求、是否有监护人，作业前还需要测爆测氧；脚手架、登高车等确认安全后方可进行焊接作业。防止发生火灾、触电、灼烫、窒息、坠落、溺水、物体打击、跌滑、职业病等安全事故。

（4）检查焊接设备是否安全可靠。如焊接设备仪表标定日期是否过期、焊接电缆是否有破损、接地线是否接牢。

（5）检查焊接辅助设备、工具是否完好。如打磨机是否有保护罩、砂轮片是否拧紧或需要更换；碳刨机、打磨机和电加热设备电缆是否有破损；割炬、烘枪和输气软管是否漏气。防止着火和爆炸。

焊接作业人员按以上安全要求操作，规范了作业人员的行为习惯，提高了作业人员的安全意识，从源头上杜绝了焊接施工过程中的各类安全隐患的产生，保护了作业人员的人身安全、施工环境的安全状态，从而可以有效地避免各类安全事故的发生，确保安全文明生产。

二、第二步：焊接工艺核检

焊接工艺规范是焊接施工过程中标准化的指导

原则和程序，是确保焊接过程成功实施和质量控制的关键。焊接工艺规范提供了标准化的实施方法，使得不同操作人员能够遵循相同的程序和要求，从而提高焊接质量。焊接工艺规范对于保证焊接质量的一致性、准确性和安全性至关重要。因此，焊接作业人员在焊接施工过程中要严格执行焊接工艺规范保证焊接质量。

在焊接工作开展前焊接作业人员必须完成以下工艺核检工作。

（1）工艺技术人员协同质量检验人员首先要在焊接工作前对焊接作业人员进行明确的工艺技术交底，技术交底时，要明确说明焊接操作规程和注意事项。这有助于焊工正确理解和执行焊接任务，从而有效避免误操作和事故的发生。同时还要详细说明焊接作业中所需的操作步骤、材料选用、焊接参数、焊接质量检验标准等技术要求，确认焊接作业人员对焊接工艺技术要求充分了解。

（2）焊接作业人员在焊接作业前要确认工作内

图 4　焊接工艺卡图样（1）

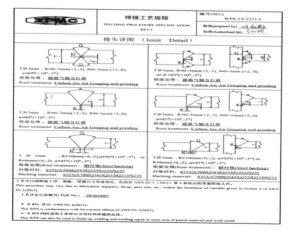

图 5　焊接工艺卡图样（2）

容，认真研读焊接工艺卡内容，如母材材质、焊接材料、焊接位置、焊接方法、焊接坡口、其他特殊要求等信息，确保正确合理地使用焊接工艺（见图4、图5）。

（3）焊接作业人员要在焊接前确认自己的焊工证信息是否能够覆盖所焊构件的范围，如焊接方法、位置、材质、板厚等。

（4）焊接作业人员在焊接过程中要严格执行焊接工艺卡上的参数要求，如预热温度、焊接电流、焊接电压、焊接速度、层间温度、焊后处理要求等。

焊接作业人员按以上工艺规范要求操作，首先是在焊接工作前明确工作内容和技术要求，有具体的工作目标。其次是在焊接工作前知道自己应该怎么样去做才能做得更好，有具体的操作指导规范，如果在焊接作业过程中遇到问题就可以采取正确的应对措施。这样就可以避免在焊接施工过程中因焊接操作人员对焊接工艺规范执行不到位、因操作不当而引发焊接质量不合格的情况发生。

三、第三步：焊接材料核检

焊接施工过程中使用的焊接材料包括电焊条、焊丝、焊剂、保护气体等，焊接材料的正确规范使用是保证焊接质量的基础和前提。为了保证焊接质量，焊接作业的起始阶段就要按照工艺技术规范，正确规范地领用、保管和使用焊接材料，确保焊接接头的强度、耐久性和可靠性，满足焊接质量要求。因此，在进行焊接过程中，务必重视焊接材料的正确规范使用。

在焊接材料使用过程中焊接作业人员要按照焊接工艺技术规范要求做好以下几点。

（1）焊接作业人员要按照焊接工艺技术规范要求的牌号领用电焊条、焊丝、焊剂，保护气体的纯度要符合工艺要求，焊材的储存、保管、领用、回收等需要根据制定的规章制度执行，避免因焊材问题导致焊接质量问题（见图 6）。

产品编号 PRODUCT NO.			产品名称 PRODUCT NAME				图号 DWG. NO.		
焊材名称 NAME					焊接工艺规程编号 WPS. NO.				
焊材规格 SIZE					焊材牌号 TRADE NAME OR AWS. NO.				
指定焊工 WELDER'S NAME					焊接节点号 WELD JOINT NO.				
...					焊工代号 STAMP NO.				
申请用量 INTENDED WEIGHT	☐ ☐ ☐	焊条 ELECTROD 焊丝 WIRE 焊剂 FLUX	根 PIECE	长度 LENGTH	千克 KG		班　长 WELDING FORMAN		
							日期 DATE		班次 SHIFT
实发量 ISSUED WEIGHT	☐ ☐ ☐	焊条 ELECTROD 焊丝 WIRE 焊剂 FLUX					使用时间 USED TIME		
							保管员 WAREHOUSE KEEPER		
批号 LOT NO.									
返回量 RETURN WEIGHT	根 PIECE				保管员 WAREHOUSE KEEPER				
	千克 KG				日期 DATE				
说明 REMARKS									

图 6　焊接材料领用回收单图样

（2）电焊条、焊剂在领用前必须按照标准要求进行烘焙；领用的电焊条、焊剂须在焊接工艺技术规范规定的使用时限内使用（见图 7），超过使用时限要返库重新烘焙；电焊条在使用过程中采用保温桶盛装并通电保温，不同牌号的电焊条严禁在一个保温桶中混装。

焊材标准	焊材等级	时间 h
AWS A5.1/A5.1M	E70XX	≤ 4
AWS A5.5/A5.5M	E70XX-X	≤ 4
	E80XX-X （等同 GB/T 5117 E55XX、 ISO 2560 E46）	≤ 2
	E90XX-X	≤ 1
	E100XX-X	≤ 0.5
	E110XX-X	≤ 0.5

图 7　焊条出库后使用时间规定

（3）焊丝使用前首先检查外包装完整性，如果包装出现破损、焊丝出现锈蚀或受潮等情况，则不允许使用。焊丝从原包装中取出后必须在工艺技术规范规定时限内使用，避免出现长时间未使用，如焊丝过夜等，会对焊接性能产生影响。

（4）焊接作业人员在焊接过程中严禁使用焊接工艺技术规范规定牌号以外的焊接材料。

（5）焊接工作完成后作业人员要将未用完的焊接材料及时退回库房并签字确认。

焊接操作人员按照以上要求规范使用焊接材料，一方面保证了焊接材料的使用安全性，另一方面也有利于焊接材料的质量管理。

四、第四步：焊接设备核检

在焊接施工过程中，选择合适的焊接设备并合理使用它们对于实现优质焊接非常重要。稳定的电流和电压、灵敏可靠的可调性、适当的焊接保护措施以及可靠的故障诊断和维修功能都是确保焊接质量和操作人员安全的关键要素。因此，在焊接过程中，焊接作业人员要认识到焊接设备的重要性并进行合理选择和使用。

在焊接工作开展前，焊接作业人员要完成以下焊接设备核检工作。

（1）焊接作业人员要根据施工环境、焊接方法、焊接材料、板厚、焊接电流、焊接电压等工艺技术要求正确选用焊接设备。使用前检查所使用的焊接设备是否能提供稳定的电流、电压确保焊接操作的稳定性，是否具备可靠稳定的可调节的功能确保焊接操作的灵活性，是否能提供适当的焊接保护措施来确保操作人员安全，是否具备可靠的故障诊断和维修功能以确保设备的可靠性（见表2）。如果发现焊接设备不符合焊接操作使用要求，要向相关管理人员汇报并及时调换。

表2 弧焊电源基本特点和适用范围

电源类型		特点	适用范围
交流弧焊接电源	弧焊变压器	结构简单，易修耐用成本低，磁偏吹小，空载损耗小，但电焊稳定性较差，功率因数低	酸性焊条电弧焊、埋弧焊和T1G焊
	矩形波弧焊电源	电流过零点极快，其电弧稳定性好，可调节参数多，功率因数高、设备较复杂、成本较高	碱性焊条电弧焊、埋弧焊和TIG焊
直流弧焊接电源	直流弧焊发电机	发动机驱动发电机获得直流电，输出电流脉动小，过载能力强，但空载损耗大，效率低、噪声大	各种弧焊
	弧焊整流器	制造方便，省材料、空载损耗小、节能、噪声小，弧焊整流器的控制与调节灵活方便，适应性强，技术和经济指标高	各种弧焊

电源类型	特点	适用范围
脉冲弧焊接电源	输出电流是周期变化的电流，效率高，可调参数多，调节范围宽而均匀。热输入可精确控制、设备较复杂、成本高	TIG、MIG、MAG 焊和等离子弧焊

（2）焊接设备在使用前要将焊接电源极性、焊接电流、焊接电压、气体流量（气保焊）调至焊接工艺要求的范围内，并控制焊接速度，确保合理的热输入。

（3）焊接作业前要检查其他焊接配套设备是否完好。如手工焊条电弧焊的电缆、焊钳，气体保护焊的焊枪、导电嘴、送气软管、气瓶、气体减压表等。

焊接操作人员按照以上要求正确使用焊接设备，对于焊接作业的安全性、高效性和质量稳定性至关重要。通过合理地操作、维护和管理，就能最大限度地发挥焊接设备的作用，提高焊接过程的效率和质量水平。提高焊接作业人员对焊接设备正确使用的意识和能力，可在焊接作业过程中取得良好的效果。

五、第五步：装配定位

在焊接施工过程中，装配定位的重要性不可忽视。它不仅关系到焊接接头的精度和焊接质量，还关系到生产效率和施工成本。因此，在进行焊接作业时，合理应用装配定位技术是十分重要的步骤。只有按照焊接工艺要求正确地装配定位，才能实现高质量、高效率的焊接作业。

在焊接工作开展前，焊接作业人员必须完成以下装配定位核检工作。

（1）装配定位前，将焊缝两侧 20~30mm 范围和坡口内的铁锈、氧化物、油污、水、底漆处理干净，露出金属光泽，防止焊接时因焊缝区域有异物杂质而导致焊缝内部产生气孔、夹渣、未熔合等焊接缺陷（见图 8）。

图 8　装配定位前焊缝打磨状态

（2）装配前，检查焊缝坡口角度、间隙、钝边等是否符合图纸要求。如果焊缝坡口角度、间隙过大或者过小，会造成焊缝根部出现焊瘤、未焊透、未熔合现象，还会造成因焊缝填充量不均匀引起的焊缝意外收缩变形等（见图 9）。

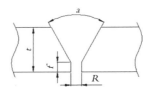

t：母材厚度　R：坡口装配间隙　f：钝边　a：坡口角度

图 9　装配定位坡口示意

（3）焊接工艺要求采取预热措施的，定位焊时也需要按焊接工艺要求进行预热。定位焊时由于焊道短，冷却速度快，定位焊部位极易产生裂纹或开裂现象。对于刚度大或有淬火倾向的焊件，应当适当预热，防止定位焊部位开裂。

（4）定位焊的质量要求及工艺措施与正式的焊缝质量要求一致。定位焊收尾处的弧坑填满，防止产生弧坑裂纹。定位焊的起弧和收弧处应平滑过渡，确保熔入正式焊缝的焊接质量。如果定位焊有缺陷，需处理好后再焊接，防止定位焊开裂影响焊接质量。

（5）定位焊焊时长度为 4 倍板厚或 50mm（取较小值），焊缝厚度一般不小于 3mm，间距一般为 300~400mm，根据构件拘束度的大小可进行调整。定位焊不能在焊缝的交叉处，离开交叉点的距离一般不小于 10 倍的板厚（见图 10）。

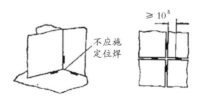

图 10　装配定位点位置

（6）焊缝采用钢衬垫方法焊接时，钢衬垫在整个焊缝长度内必须连续，采用钢衬垫的接头必须使焊缝金属与钢衬垫充分熔合。为了防止钢衬垫烧穿，建议使用钢衬垫的厚度为：GTAW ≥ 3mm、SMAW ≥ 5mm、FCAW ≥ 6mm、SAW ≥ 10mm。

焊接操作人员按照以上要求装配定位，一方面保证了焊接构件的尺寸符合工艺设计要求，另一方面还保证了焊接过程的稳定性，确保焊缝的形状、尺寸和焊接深度始终保持一致，有助于消除焊接缺陷，提高焊接质量。

六、第六步：焊前预热

钢制结构在焊接过程中，焊缝区域在焊接时不均匀的加热和冷却过程会使焊缝内部产生应力和相变组织，而这种应力和相变组织在焊接过程中如果不消除，就会造成焊接裂纹。

焊前预热的主要目的是让焊缝在较宽的范围内获得较均匀的温度分布，降低温度梯度，从而减小因温度而引起的焊接应力。预热也可以降低焊接接头的冷却速度，从而降低钢的淬硬倾向，同时也可以减少焊缝的含氢量（见图 11）。

简单来说，预热就是为了防止冷裂纹产生，所以在焊接过程中要做好以下三点。

（1）焊接工艺规范要求对焊缝进行焊前预热，打底焊接前要严格按照预热温度要求进行预热，采用合理的方法如电加热或火焰加热。预热范围以焊缝为中心，每侧不小于焊件厚度的 3 倍，且不大于 100mm，加热时不要产生局部过热。

图 11　预热加温方法

（2）冬季焊接或者焊缝长度较长时，建议焊缝反面也做好保温加热措施，防止焊接过程中因焊缝区域散热过快而导致层间温度不达标。

（3）预热完成后测温时在构件的正反面多点测量，确保加热区域的温度均匀。如果焊接工艺规范不要求焊缝焊前预热，焊前也需要将坡口区域水汽烘干。

焊接操作人员按照以上要求在焊前对焊缝进行预热，可以有效地减少焊接应力，还能降低钢的淬硬倾向，减少焊缝的含氢量，防止焊缝产生冷裂纹。

七、第七步：焊接过程控制

厚板焊缝填充焊接时，分为根部打底、坡口内部填充和焊缝盖面三个环节。在焊缝根部焊接的第一道称为打底层。打底层是焊接过程中的一个关键步骤，它位于焊缝的最底部，为焊缝后续坡口内部填充和焊缝盖面提供了一个坚实而稳定的基础。它的作用是增加焊缝的承载能力、改善连接结构的稳定性以及提高焊接抗变形能力。正是在焊缝底部打底层的支撑下，焊接过程中产生的热量和应力分布得以均匀化，这种均匀分布帮助减少了焊缝中产生裂纹的机会，从而增加了焊接强度。

焊缝打底层的焊接一般有三种方法，第一种方法是单面焊双面成形焊接；第二种方法是加衬垫焊接，加衬垫焊接又分为金属衬垫焊接和非金属衬垫焊接；第三种方法是正面根部不留间隙打底，反面清根焊接。

在焊接第一道打底层时焊接作业人员应注意以下三点。

（1）单面焊双面成形焊接焊缝打底层，常用的焊接方法有手工焊条电弧焊和钨极氩弧焊两种焊接方法。手工焊条电弧焊打底焊接时，焊条牌号要符合焊接工艺技术规范要求，焊条一般选用 $\phi 3.2mm$ 电焊条，打底焊接电流比填充电流略小，参考电流 90~110A，焊道厚度控制在 4mm 左右。钨极氩弧焊打底焊接时，所用焊丝的金属化学成分要与填充盖面层使用的电焊条化学成分相似。

打底焊接前，先检查焊缝坡口根部间隙是否均匀，坡口根部间隙一般是 3~4mm。大型钢结构、桥梁焊接施工中由于构件大，最常见的坡口加工方法是火焰切割加工，然后进行坡口表面打磨去除杂质。火焰切割加工的坡口直线度没有机加工的平整，所以焊缝坡口根部间隙的均匀度就会有所偏差，这样就增加了打底焊接操作难度。如果遇到这样的情况，一般是先从间隙小的位置开始焊接，这样可以防止因焊接过程中焊缝间隙收缩导致局部间隙过小而产生未焊透现象。

焊缝打底焊接时起弧、运条、接头、收弧每个环节都非常重要，处理不好就容易产生气孔、夹渣、未熔合、未焊透、接头脱节、焊瘤、弧坑裂纹等缺陷。起弧最常用的是划擦起弧法，起弧点在距焊接起点 10mm 左右处，像划火柴一样引燃电弧，电弧引燃后立即提起 3~5mm 距离，快速移动到焊接起点处，并压低电弧，电弧要对准坡口根部，待坡口根部的熔孔打开，铁水透到焊缝背面后，开始运条（见图 12）。

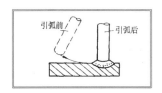

图 12　划擦引弧法

运条方法根据焊接构件的板厚、焊缝坡口间隙和焊接位置调整，常用打底焊接方法一般采用直线形、直线往复形、锯齿形、月牙形运条方法，锯齿形和月牙形运条方法最为常用（见图 13、图 14）。

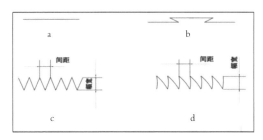

a.直线形　b.直线往复形　c.锯齿形　d.月牙形

图 13　焊接操作运条方法

打底焊接锯齿形和月牙形运条时，要仔细观察坡口根部，左右摆动时要在坡口两边稍作停留，等坡口一边的熔孔打开后方可向另外一边移动，左右运条的同时也要向焊接方向移动，如果运条时向焊

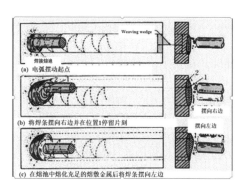

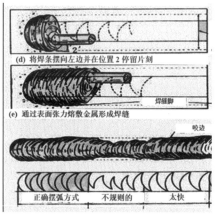

图14　月牙形运条方法示意

接方向移动过快会产生未焊透和背面凹坑，移动过慢则会产生背面焊瘤，所以运条速度要适当。

　　打底焊接中途停弧重新起弧接头时，电弧要在停弧点熔孔处多熔化一会儿，等新的熔孔打开，熔池铁水透过焊缝背面后再开始运条。焊接结束时，不要立即熄弧，要采用回焊收弧法或断弧收弧法将弧坑填满，否则会在焊缝末端形成弧坑，产生弧坑裂纹。

　　焊缝打底完成后要清理干净药皮焊渣，仔细检查打底焊缝质量是否符合要求，如果发现有焊接缺陷要及时返修处理，防止因打底层的焊接质量问题影响焊缝整体质量。

　　（2）焊缝钢衬垫打底时，常用的焊接方法有手工焊条电弧焊和 CO_2 气体保护焊药芯焊丝两种焊接方法。打底焊接时焊条、焊丝牌号要符合焊接工艺技术规范要求。焊前，先检查坡口根部间隙大小是否均匀合适，坡口根部间隙一般有 6mm 左右，如果间隙过小不利于焊接运条，焊缝根部容易出现焊接缺陷，间隙过大则增加了焊接作业工作量，影响焊接效率。同时过多填充金属也会增加焊接变形量。

手工焊条电弧焊焊条一般根据焊接位置选用，平焊、横焊一般使用 ϕ 4.0mm 的电焊条，焊条参考电流 150~170A；立焊、仰焊一般使用 ϕ 3.2mm 的电焊条打底，参考电流 100~110A。

CO_2 气体保护焊使用药芯焊丝打底时，焊接电流、电压根据焊接位置调整，平焊参考电流 240~260A，参考电压 27~29V；横焊参考电流 220~250A，参考电压 24~26V；立焊参考电流 170~190A，参考电压 23~25V；仰焊参考电流 220~230A，参考电压 24~26V。焊接时干伸长度 10~15mm，气体流量 15~20L/min。

焊缝钢衬垫打底焊接采用短弧焊接，焊道厚度控制在 4mm 左右。焊接时，电弧对准坡口根部母材和钢衬垫的结合部位，使根部母材和钢衬垫充分熔合后，再运条移动。打底焊接一般采用锯齿形或月牙形运条方法，焊接运条时，电弧小幅均匀左右摆动并向焊接方向匀速移动。运条左右摆动时要在坡口两边压低电弧稍作停留，以利于熔滴过渡，防止坡口一侧产生未熔合、咬边、夹沟等焊接缺陷。打底焊接中途停弧重新起弧时要注意接头处的引弧点和前端焊缝熄弧点的末端错开，使前段焊缝的收尾和后段焊缝的起点有 10mm 左右的重叠，这样做焊接电弧可以对前段焊缝的熄弧点重熔，防止该部位因根部熔合不好而产生焊接缺陷。

焊缝打底完成后要清理干净药皮、焊渣，仔细检查打底焊缝表面是否符合要求。如果发现有焊道接头突出、边缘有夹沟，要使用打磨机将突出、边缘有夹沟部位打磨平顺，再进行焊缝填充（见图 15）。

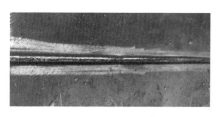

图 15 打底完成后焊缝表面形状

（3）焊缝反面清根打底焊接方法和钢衬垫打底焊接方法相同。焊缝坡口填充在焊接过程中起着关键的作用，包括提高焊缝强度和韧性、改善焊接质量。使用正确合理的焊接工艺操作流程，就能够获得高质量的焊缝。厚板焊缝填充焊接一般采用多层多道方法进行。多层多道焊接可以有效地减少焊接变形和焊缝应力，还可以控制焊缝输入热量，改善焊缝接头的金相组织，同时还起到焊后热处理的作用，细化了前道焊缝的晶粒，提高了焊缝的整体韧性。

多层多道填充焊接时，焊接操作人员在焊接过程中要做好以下几点。

（1）填充焊接前，要仔细检查打底焊道的焊接质量是否符合填充焊接要求，打磨清理干净坡口内部的焊接飞溅、焊渣、药皮等杂物，防止因焊缝层间清理不干净，在焊接时产生气孔、夹渣等焊接缺陷。

（2）填充焊接时，手工焊条电弧焊焊条一般使

用 $\phi 4.0mm$ 的电焊条，平焊参考电流 165~175A，横焊参考电流 155~165A，立焊、仰焊参考电流 140~150A。CO_2 气体保护焊药芯焊丝填充时，焊接电流、电压根据焊接位置调整，平焊参考电流 240~260A，参考电压 27~29V；横焊参考电流 220~250A，参考电压 24~26V；立焊参考电流 170~190A，参考电压 23~25V；仰焊参考电流 220~230A，参考电压 24~26V。焊接时干伸长度 10~15mm，气体流量 15~20L/min。

填充焊接开始前，要根据焊缝坡口深度和宽度，规划好焊接的层数与每层焊接的道数。多层多道焊的焊道宽度和焊接厚度都要控制，避免焊道过宽、过窄、过厚、过薄，单道焊的宽度一般不要超过 16mm，焊接厚度控制在 4~5mm。

多层多道焊时，由于焊道数量和层间接头比较多，在焊接过程中就要注意焊层间的接头尽量有序错开，防止因接头集中而产生焊接缺陷。每一层每一道焊接时，焊接电弧要对上一层焊道和母材坡口的夹角充分熔合，防止产生夹渣、层间未熔合等焊接缺陷。每层的最后一道焊接时，焊道根部预留间隙不能小于3mm，防止因焊道根部间隙过小而产生根部未熔合（见图16）。

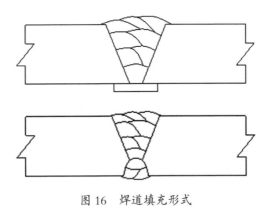

图16　焊道填充形式

（3）焊缝填充焊接的最后一层，通常俗称为焊缝盖面焊，盖面焊之前坡口内预留的深度一般在1~1.5mm，如果预留深度过大或没有预留深度，焊缝表面就容易出现焊缝低于母材、咬边、焊缝余高过高等焊接缺陷。焊缝盖面焊的余高一般控制在1~3mm为最佳。

（4）焊接过程中，要根据焊接电流、电压控制好焊接速度，防止热输入过高。每道焊完后测量并控制层间温度，不能超过焊接工艺规定的最高道间温度，不能低于最低焊前预热温度。

焊缝填充焊接过程中，焊接操作人员按照以上要求操作，一方面可以有效减少因操作不当引起的焊接质量问题，另一方面还可以通过规范操作提高焊接施工的整体质量，有助于标准化生产。

八、第八步：焊缝碳刨清根，焊接变形控制

在厚板对接焊接过程中，经常采用 X 形坡口或 Y 形坡口，先焊正面然后反面碳刨清根的焊接工艺。这种焊接工艺方法与 V 形坡口单面焊相比较，具有在相同厚度下，能减少焊缝金属填充量，焊件焊后变形和焊后内应力小的优点。

反面碳刨清根的焊接工艺对碳刨后的坡口形状要求比较高，所以焊接操作人员在操作过程中要注意做好以下几点。

（1）焊缝碳刨刨槽尽量接近焊接工艺规定的坡口形状，刨槽深度较浅时坡口形状碳刨成 V 形坡口，刨槽深度较深时碳刨成 U 形坡口。在保证焊接操作方便的前提下尽量减小碳刨坡口尺寸，避免因焊缝填充量过大而造成不必要的焊接变形（见图 17）。

图 17　碳刨清根坡口形式

（2）碳刨清根保证根部未熔合、夹渣、有气孔等缺陷全部清除，碳刨后的坡口根部宽窄控制在 5mm 左右，方便后续焊接操作。碳刨后，必须将坡口的氧化物和渗碳层打磨去除，直至出现金属光泽，防止因坡口杂质清理不干净在焊接过程中产生焊缝夹杂、有气孔、未熔合等缺陷。

（3）碳刨清根焊缝焊接第一道时要特别注意，焊接电弧要对准坡口根部，使坡口根部充分熔合后再运条移动，一般采用锯齿形运条方法，运条时电弧小幅均匀左右摆动并向焊接方向匀速移动。运条左右摆动时，要在坡口两边稍作停留，让坡口两侧充分熔合。焊接中途停弧重新起弧时，要注意接头处的引弧点和前端焊缝熄弧点的末端错开，使前段焊缝的收尾和后段焊缝的起点有 10mm 左右的重叠，防止该部位出现因根部熔合不好而产生焊接缺陷。

（4）焊接时，按照焊接工艺要求控制合理的焊接热输入，减小焊接变形。根据构件形式，合理制定焊接顺序，长焊缝和环形焊缝要分段对称焊接。在正反两面具有对称施焊条件的情况下，尽量两侧交替施焊，减小焊接变形。

焊缝清根过程中，焊接操作人员按照以上要求操作，一方面可以有效地避免焊缝内部缺陷的产生，另一方面还可以减小构件的焊接变形。

九、第九步：焊缝外观检验，规范焊接后热

　　焊接完成后，焊接操作人员应立即清理干净焊缝表面，对焊缝及其热影响区的表面进行外观质量检查。焊缝在后热之前，焊缝表面及其附件的母材表面应符合外观质量要求。如果焊缝后热之前外观质量有缺陷没有修补好，焊缝后热完成后再修补就得重新对焊缝进行预热、焊接和后热，这样的话就会影响焊缝质量和焊接施工工期，增加焊接施工成本。

　　外观质量缺陷不及时修补也会影响无损检测结果的正确性和完整性，给焊缝内部质量评定带来困难。如射线检测，焊缝的表面缺陷将直接反映在底片上，会掩盖或干扰焊缝内部缺陷的影像，造成焊缝内部缺陷漏检，或形成伪缺陷，给焊缝内部质量的评定和返修带来困难。

　　所以在焊缝填充盖面完成后，焊接操作人员应立即做好以下几点。

　　（1）焊缝焊接完成后，清理干净焊缝表面的药皮、焊接飞溅等杂物，查看焊缝外观是否符合工艺

要求。焊缝表面如果有局部低于母材现象要立即进行修补。

（2）仔细检查焊接区域内是否存在表面有气孔、咬边、焊瘤、裂纹、未熔合等情况。通过对焊缝的外观质量检查，及时发现表面缺陷并予消除、修补。

（3）按照焊接工艺要求对焊缝进行后热，控制后热温度和升温、降温时间，并做好焊缝区域的保温、防风防雨措施（见图18）。

图18　焊缝后热保温

（4）焊接工作完成后清理干净工作现场，做到工完料尽场地清。

焊接工作完成后，焊接操作人员按照以上要求进行后热，一方面可以改善焊接构件的性能，消除残余应力降低淬硬性；另一方面还可以消除焊缝当中氢含量，防止冷裂纹的产生。

十、第十步：焊缝缺陷返修

焊缝焊接工作完成后，按质量检验要求进行焊缝内部检验。焊缝质量检验方法为无损探伤检验，分为超声波无损探伤检验（UT）和射线无损探伤检验（RT）。

在焊接施工过程中，由于受到施工环境复杂、焊接结构设计不合理、焊接工艺措施执行不到位等因素影响，且大部分焊缝都是由焊接操作人员手工焊接操作完成，已完成的焊缝在内部质量无损探伤检验过程中，有时就会检测出焊缝内部缺陷。焊缝内部缺陷会减少焊缝的承载截面积，削弱静力拉伸强度。如果焊缝内部缺陷形成缺口，缺口处会发生应力集中和脆化现象，很容易产生裂纹，最终会导致焊缝开裂。所以检测出的焊缝内部缺陷必须进行焊接返修，返修后的焊缝要完全符合质量要求。

焊缝内部缺陷返修十分关键。为了保证焊接质量，焊接操作人员在焊缝内部返修时，要注意以下几点。

（1）焊缝返修时，必须严格按照评定合格的、经批准的WPS（焊接工艺规程）执行，尽量安排工作经验丰富的焊工完成焊接返修，或者是在其指导下完成焊接返修。

（2）焊缝返修前，焊工要和无损检测人员沟通确认焊缝内部缺陷具体位置和缺陷类型，根据内部缺陷具体情况分析缺陷产生原因，确定缺陷清除工艺方法。焊缝缺陷清除方法可用机加工、打磨、铲凿或刨槽的方法进行，缺陷清除后将表面打磨光滑明亮，并使之成为适合焊接的U形坡口状，坡口两端应呈斜坡状，具体如图19所示。其中，对于裂

纹，必须在其两端各延长 50mm，其余缺陷可适当
延长修补范围，并由 MT（磁粉检测）、PT（渗透
检测）或目检等可靠的方法确定缺陷是否已被全部
清除，并进行缺陷清除后的清洁工作。

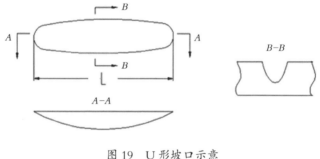

图 19　U 形坡口示意

（3）焊缝内部缺陷返修时，使用碳弧气刨清除
缺陷。必须严格按照焊接工艺要求预热保温，返修
碳弧气刨前预热不低于 65℃。

（4）清除焊缝内部缺陷时，要备好钢板尺、深
度测量尺、干式磁粉检测设备等测量工具，在清除
缺陷过程中要仔细观察测量，经 100% 磁粉检测确
认焊缝内部缺陷完全清除干净后再进行返修焊接。

（5）焊缝内部缺陷返修完成后，要按照工艺要求立即进行后热保温，加热温度上升要均匀，适当延长降温时间。

（6）返修焊缝的表面必须打磨，使之与邻近母材或焊缝表面齐平，或按工程师批准，精修表面要稍有余高，并与邻近表面平顺过渡。

（7）返修或重新替代的焊缝金属必须按照原先使用的检测方法重新进行检查并且必须使用同样的检测标准。在通过同样的 NDT 无损检测，检测合格后，焊缝返修被认为是可以接受的。

（8）焊缝同一部位的内部缺陷返修一般不得超过两次。对两次返修后仍不合格的部位应分析原因采取有效措施，重新制定修补方案及作业指导书，并应经工程技术责任人审批后方可执行。

焊缝返修时，焊接操作人员按照以上要求操作，可以有效提高返修合格率，减少质量事故的发生。

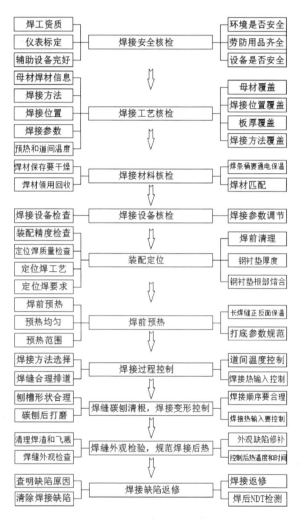

图 20　焊接十步操作法总流程

第三讲

焊接十步操作法应用案例

港珠澳大桥是连接香港、广东珠海和澳门的桥岛隧工程，东起香港国际机场附近的香港口岸人工岛，向西横跨南海伶仃洋水域接珠海和澳门人工岛，止于珠海洪湾立交；桥隧全长55千米，其中主桥29.6千米；桥面为双向六车道高速公路，设计速度100千米/小时。大桥集桥、岛、隧于一体，是世界工程史的新里程碑，凝聚着无数焊接人的心血，工程项目总投资额1269亿元。

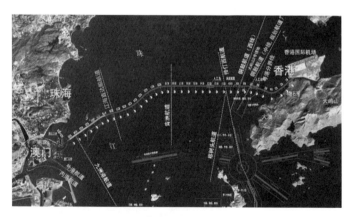

图21　港珠澳大桥工程示意

港珠澳大桥海底隧道段全程水上吊运，水下焊接，对焊接条件和焊接质量提出新挑战。岛隧工程最终接头的现场合龙焊接工作是整个沉管隧道施工中风险最大、难度最高的工作。焊接施工作业环境处于 GINA 临时止水状态下，国内至今从未有过相关焊接施工经验。最终接头箱体内部作业受到非常严格的空间限制，现场焊接施工人员将长期处于狭小空间中施工。现场焊接工作量巨大，焊缝总长度超过 2000 米。焊接要求全熔透，并且 100%UT 探伤，焊接难度非常高。

图 22　港珠澳大桥海底沉管隧道最终接头

由于最终接头是 GINA 临时止水，所有焊接任务必须在极短的时间内完成，焊接施工中就容不得有半点儿闪失。另外，在钢接头箱体内部合龙焊接时会产生大量的烟尘和有毒有害气体，HSE安全保障风险极大。港珠澳大桥工程总项目部对施工效率要求非常高，留给最终接头现场合龙焊接的施工时间非常短。

图23　港珠澳大桥海底沉管隧道最终接头水下合龙

根据实际情况综合考虑，在焊接施工前按照"焊接十步操作法"操作规范对每一位进入最终接头内进行焊接的施工人员进行培训。模拟施工现场实际作业环境，让焊接施工人员熟悉作业环境、工作内容和工作要求。做到专事专人、职责分明，做到培训内容与实际情况完全相同。

一、焊接单项培训

1.培训人员为 6 名持证焊工，分为两组。3 名记录人员协助实时监控记录；焊接设备为 6 台 CO_2 气体保护焊机，一台多头手工电弧焊机；焊接方法为 CO_2 气体保护焊及手工电弧焊；焊接材料采用焊丝 SQJ551K2，焊条 CHE607；焊接钢板材质：Q420C，厚度 28mm，坡口角度 30°；焊接预热温度 65~100℃，焊接层间温度 65~200℃。

2.将钢板（500×150）点焊固定在平、立、仰位置。由 6 名焊工分成两组，分别进行不同位置的焊接。焊前按工艺要求对焊缝进行加热，焊接过程中严格执行相关焊接工艺文件，严禁违规操作，记录人员要仔细记录相关数据。

此步骤记录工时、参数，观察采用不同焊材、不同参数在不同位置上的焊接效率和焊接质量。观察焊接操作的合理性及劳动强度。

二、焊接综合优化培训

1. 培训在模拟最终接头环境的 1∶1 比例的模拟段内进行，空间是最终接头一个半车道大小。模拟段内部结构与最终接头完全相同。焊接工作与装配、打磨等工作同时进行。

2. 培训人员为 18 名持证焊工（三班 24 小时不间断作业）。焊接设备为 6 台 CO_2 气体保护焊机，2 台多头手工电弧焊机，1 台碳弧气刨机，1 台空气压缩机，1 台冷风机，1 台排风机。焊接方法为 CO_2 气体保护焊及手工电弧焊；焊接材料采用焊丝 SQJ551K2，焊条 CHE607；焊接钢板材质：Q420C，厚度 28mm，坡口角度 30°；焊接预热温度 65~100℃，焊接层间温度 65~200℃。

3. 所有参与培训人员分为三班，每班 8 小时进行焊接流程操作培训。分别对底墙平焊位置、侧墙立焊位置、顶墙仰焊位置按步骤进行焊接。焊前检查装配质量是否符合焊接要求，包括坡口角度，根部间隙，钢衬垫贴合有无间隙，是否错边，装配尺寸是否符合要求，坡口打磨是否符合焊接要求，高空作业平台等一系列与焊接作业相关的设备设施是否符合焊接要求。对不合格的立即进行整改，所有条件都具备后开始焊接。焊接时先按工艺要求对焊缝加热到65~100℃后再进行焊接。焊接作业人员要对焊接过程中问题仔细记录，及时反馈。焊接过程中穿插紧急逃生、急救演练。

此阶段培训主要模拟在既定焊接流程、工效时间及HSE组织要求下，验证焊接施工与其他工种交叉作业，穿插工序间的配合默契程度；验证在复杂环境下现场焊接施工的可行性；评估24小时连续作业情况下班次的合理性，以及夜间连续工作后施工人员的状态；同时对各焊接施工环节进行同步改善和优化，形成一整套可行、高效的焊接施工方案。

三、焊接实战培训

焊接实战培训在综合优化培训的基础上进行，

根据综合优化培训后总结得出的详细焊接施工流程，通过全仿真焊接实战，强化焊接作业人员在极端条件下焊接操作的稳定性及安全意识，固化水下焊接作业标准、操作流程和动作要素，最终确立现场焊接施工方案。

通过"焊接十步操作法"操作规范培训，规范焊接施工过程中人员、设备、物料、方法、环境等要素的操作流程，保证每一位焊接施工人员在作业时能有条不紊地完成焊接任务，实现超短周期完成最终接头焊接的工效目标。

图 24　港珠澳大桥海底沉管隧道最终接头水下合龙焊接

　　"焊接十步操作法"对港珠澳大桥岛隧工程最终接头现场合龙焊接的作业风险点，进行了有针对性的优化改进，形成了一整套可行、高效的焊接施工方案，并在最终接头的焊接施工中得到了验证。最终接头水下焊接 2000 多米焊缝在"焊接十步操作法"的保障下在极短时间内顺利完成，实现了焊接施工安全、质量零事故的骄人业绩。

后　记

在如今的全球化竞争中，要想立于不败之地，必须拥有创新能力。创新可以为企业带来竞争力的核心优势。通过持续的创新，企业能够不断推陈出新，抢占市场先机。技术创新被证明是提高制造业竞争力的关键因素之一，它可以大大提高生产效率。先进的生产工艺，能够以更快、更精确、更稳定的方式完成生产过程，使得企业能够更快地生产更多产品，满足市场需求。技术创新还可以提升产品质量，降低生产成本，先进的生产工艺可以确保生产过程中的准确度和一致性，避免人为错误和不稳定因素的干扰，让产品质量更加可靠。

作为振华重工的一名职工，我伴随着企业的发展不断成长。2015年，公司成立了以我名字命名的魏钧劳模创新工作室，由我带领劳模创新工作室创新团队，专门研究攻克生产中遇到的焊接难题。我们创新团队根据现场焊接施工实际情况总结提炼，编制出焊接十步操作法。这套操作方法先后获得了上海市浦东新区职工科技创新先进操作法一等奖和上海市职工科技创新先进操作法创新奖。

　　在本书中，我将这套操作方法和大家一起分享，如有不足之处，诚恳地希望各位专家、老师批评指正，提出宝贵意见。

魏钧

2023 年 8 月

图书在版编目（CIP）数据

魏钧工作法：焊接十步操作法 /魏钧著. —北京：中国工人出版社，2024.6
ISBN 978-7-5008-8278-7

Ⅰ.①魏… Ⅱ.①魏… Ⅲ.①焊接 Ⅳ.①TG4

中国国家版本馆CIP数据核字（2023）第183017号

魏钧工作法：焊接十步操作法

出 版 人	董 宽
责 任 编 辑	王学良
责 任 校 对	张 彦
责 任 印 制	栾征宇
出 版 发 行	中国工人出版社
地 址	北京市东城区鼓楼外大街45号 邮编：100120
网 址	http://www.wp-china.com
电 话	（010）62005043（总编室）
	（010）62005039（印制管理中心）
	（010）62379038（职工教育编辑室）
发 行 热 线	（010）82029051 62383056
经 销	各地书店
印 刷	北京市密东印刷有限公司
开 本	787毫米×1092毫米 1/32
印 张	2.5
字 数	35千字
版 次	2024年7月第1版 2024年7月第1次印刷
定 价	28.00元

优秀技术工人百工百法丛书

第一辑　机械冶金建材卷

优秀技术工人百工百法丛书

第二辑　海员建设卷